Bibliografische Information der Deutschen Nationalbibliothek:

Die Deutsche Bibliothek verzeichnet diese Publikation in der Deutschen National-
bibliografie; detaillierte bibliografische Daten sind im Internet über http://dnb.d-
nb.de/ abrufbar.

Impressum:

Copyright © 2012 GRIN Verlag
Druck und Bindung: Books on Demand GmbH, Norderstedt Germany
ISBN: 9783668693418

Dieses Buch bei GRIN:

https://www.grin.com/document/423990

Andreas Stadler

Regulation des Blutzuckerspiegels und Diabetes

GRIN Verlag

GRIN - Your knowledge has value

Der GRIN Verlag publiziert seit 1998 wissenschaftliche Arbeiten von Studenten,
Hochschullehrern und anderen Akademikern als eBook und gedrucktes Buch. Die
Verlagswebsite www.grin.com ist die ideale Plattform zur Veröffentlichung von
Hausarbeiten, Abschlussarbeiten, wissenschaftlichen Aufsätzen, Dissertationen
und Fachbüchern.

Besuchen Sie uns im Internet:

http://www.grin.com/

http://www.facebook.com/grincom

http://www.twitter.com/grin_com

Andreas Stadler

Thema der Arbeit: Die Regulation des Blutzuckerspiegels und Diabetes

Unterrichtsfach: Biologie

Abgabetermin: 14.12.2012

Präsentationstermin: 18.12.2012

Inhaltsverzeichnis

1. Allgemeines

Das Blut ist ein wichtiges Transportmittel für die unterschiedlichsten Stoffe im Körper. Eine wichtige Stoffklasse, die durch das Blut transportiert, sind die Kohlenhydrate (vorallem Glucose). Kohlenhydrate sind ein wichtiger Energielieferant für verschiedene Stoffwechselvorgänge im Körper und müssen deshalb vom Blut in unterschiedliche Regionen des Körpers transportiert werden.

Bei einem erwachsenen Menschen im nüchternen Zustand ist ein Blutzucker von 90 – 110 mg/dl der Normalwert.[1] Einen zu hohen Blutzuckerspiegel bezeichnet man als Hyperglykämie, einen zu niedrigen als Hypoglykämie.[2]

Symptome der Hyperglykämie sind z.B. ein starkes Durstgefühl, Exsikkose (Austrocknung) und/oder Bewusstseinsstörungen.[3] Eine Hypoglykämie hingegen ist geprägt durch Zittern, Heißhunger, Verwirrtheit, Sprach- und Sehstörungen, Krampfanfälle, Bewusstlosigkeit und/oder Koma.[4]

Im Folgenden möchte ich nun darauf eingehen wie der Körper es schafft, den Blutzuckerspiegel konstant zu halten.

2. Die Regulation des Blutzuckerspiegels

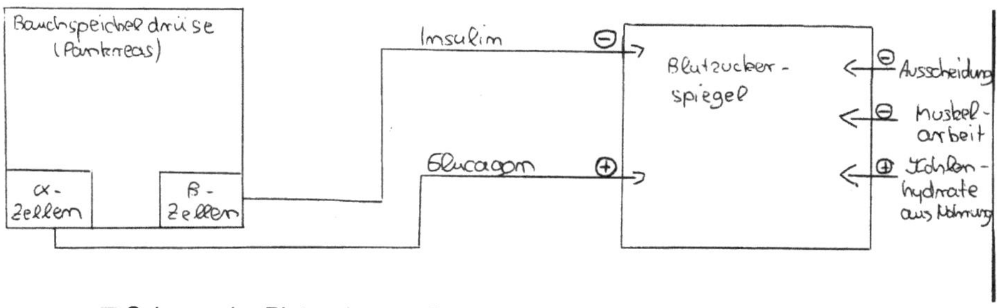

⌨ Schema der Blutzuckerregulierung

---

[1] vgl. http://www.krankheiten.de/laborwerte/blutzucker.php
[2] vgl. http://de.wikipedia.org/wiki/Blutzucker#Normalwerte
[3] vgl. http://flexikon.doccheck.com/de/Hyperglyk%C3%A4mie
[4] vgl. http://flexikon.doccheck.com/de/Hypoglyk%C3%A4mie
[5] Prof. Süßen, Ulrich Weber: Biologie Oberstufe. 2. Auflage, Berlin 2009. Seite 463 (Schema adaptiert und im Design abgeändert)

Die Bauchspeicheldrüse (Pankreas) ist bei Wirbeltieren für die Produktion von Verdauungsenymen zuständig. Jedoch besitzt die Bauchspeicheldrüse außerdem spezielle Gewebeschichten, in denen die Hormone Insulin und Glucagon produziert werden. Diese Gewebeschichten bezeichnet man als Langerhans'sche Inseln. Sie unterteilen sich in α- und β-Zellen. Dabei produzieren die α-Zellen das Glucagon und die β-Zellen das Insulin. Beide Hormone sind für die Blutzuckerregulierung unerlässlich.[6]

Im Folgenden möchte ich das auf voriger Seite abgebildete Schaubild (Schema der Blutzuckerregulierung) näher erläutern und dabei auf die Wirkung von Insulin und Glucagon eingehen.

Steigt nach der Aufnahme von Kohlenhydraten in der Nahrung der Blutzuckerspiegel, wird dieser Zustand von Rezeptoren bemerkt, die veranlassen, dass die β-Zellen der Langerhans'schen Inseln mehr Insulin ausschütten. Das Insulin ermöglicht schließlich den Glucosemolekülen, das sie in die Zellen aufgenommen werden können. Somit sinkt der Blutzuckerspiegel, bis er wieder seinen Normalwert (Sollwert) erreicht.[7]

Sinkt der Blutzuckerspiegel (z.B. bei sportlicher Betätigung) scheiden die α-Zellen der Langerhans'schen Inseln auf den Befehl der Rezeptoren im Blut hin vermehrt das Hormon Glucagon aus. Das Glucagon ist sozusagen der Gegenspieler des Insulins und sorgt für die Umsetzung von Glycogen zu Glucose in der Leber. Die dabei entstehende Glucose gelangt ins Blut. Somit wird der Blutzuckerspiegel bis zum Erreichen des Normalwerts erhöht.[8]

Die Blutzuckerregulierung erfolgt also über einen Regelkreis. Störgrößen in diesem Regelkreis sind die Ausscheidung von Glucose sowie Muskelarbeit, die eine Absenkung des Blutzuckerspiegls verursachen, und die Aufnahme von Kohlenhydrate durch die Nahrung, was zu einer Erhöhung des Blutzckerspiegels führt. Das Zusammenspiel von Glucagon und Insulin sorgt für einen Ausgleich des Blutzuckerspiegels.

---

[6] vgl. Prof. Süßen, Ulrich Weber: Biologie Oberstufe. 2. Auflage, Berlin 2009. Seite 463
[7] vgl. Prof. Dr. Bayrhuber, Horst, u.a.: Linder Biologie. 21. Auflage, Hannover 1998. Seite 260
[8] vgl. Prof. Süßen, Ulrich Weber: Biologie Oberstufe. 2. Auflage, Berlin 2009. Seite 463

Folgendes Schaubild soll noch einmal die Wirkung von Insulin (A) und Glucagon (B) verdeutlichen.

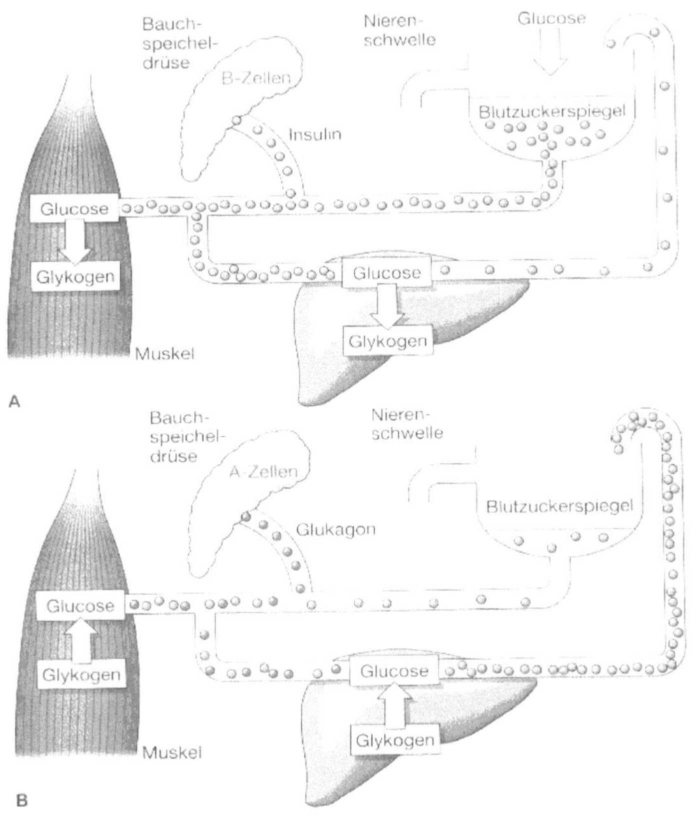

---

[9] vgl. Dr. Jungbauer, Wolfgang: Netzwerk Biologie. Braunschweig 2006. Seite 183

Die Rezeptoren geben nicht nur Signale an die Bauchspeicheldrüse, sondern auch an die Nebennieren. Dies führt dazu, dass bei einem zu niedrigen Blutzuckerspiegel vermehrt Adrenalin am Nebennierenmark und vermehrt Glucocorticoide an der Nebennierenrinde ausgeschüttet werden. Diese beiden Hormone fördern ebenfalls den Glykogenabbau in der Leber, was zu einem Anstieg des Blutzuckerspiegels führt. Sie unterstützen also die Wirkung des Glucagons.[10]

Weil Adrenalin und Glucocorticoide in erster Linie Stresshormone sind, Adrenalin also bei Kurzzeitstress und Glucocorticoide bei Langzeitstress vermehrt ausgeschüttet werden, spricht man bei diesem Phänomen auch von „Stresszucker". Es kommt demnach dazu, dass bei vermehrtem Stress der Blutzucker steigt und somit das Insulin vermehrt beansprucht wird.

3. Störungen in der Regulation des Blutzuckerspiegels – Diabetes mellitus

In diesem Kapitel möchte ich die Frage näher beleuchten, welche Auswirkungen es hat, wenn es zu Fehlfuntionen im oben beschriebenen Regelkreis kommt. Dabei möchte ich auf die beiden Blutzuckerkrankheiten Diabetes Typ 1 und Diabetes Typ 2 eingehen, die beide zur Krankheitsgruppe Diabetes mellitus gehören.

a) Diabetes Typ 1

I) Ursachen

Ursache des Diabetes Typ 1 ist die Zerstörung der β-Zellen der Langerhans'schen Inseln durch das körpereigene Immunsystem. Dies führt zu einem absoluten Insulinmangel.[11]

---

[10] vgl. http://www.wissen.de/thema/blutzuckerregulierung-durch-hormone?chunk=zus%C3%A4tzliche-regelkreise-

[11] vgl. Dr. med. Herold; Gerd: Innere Medizin. Eine vorlesungsorientierte Darstellung. Köln 2005. Seite 604

Durch das fehlende Insulin, das durch die Destruktion der β-Zellen begründet ist, kommt es schließlich dazu, dass die Glucose nicht mehr von den Zellen aufgenommen werden kann. In der Zelle kommt es also zu einem Glucosemangel und somit zum Fehlen eines wichtigen Energielieferanten; im Blut hingegen häuft sich die Glucose an, was noch dadurch verstärkt wird, dass die Glucoseneubildung aus Glykogen in der Leber weiter ungebremst fortläuft. Ohne fremde Eingriffe steigt der Blutzuckerspiegel also kontinuierlich, weil kein Zucker von der Zelle aufgenommen werden kann, aber die Leber weiterhin Glucose produziert.[12]

Bei Diabetes Typ 1 handelt es sich um eine Autoimunerkrankung. Der Körper produziert dabei Antikörper, die nicht gegen körperfremde Zellen oder Krankheitserreger gerichtet sind, sondern in diesem Fall gegen die β-Zellen der Langerhans'schen Inseln in der Bauchspeicheldrüse. Die Antikörper verwechseln also die β-Zellen mit Zellen eines Krankheitserregers. Die Destruktion der β-Zellen führt schließlich dazu, dass nicht mehr genügend Insulin zur Regulierung des Blutzuckerspiegls produziert werden kann.

Der Grund, weshalb der Körper die β-Zellen durch Antikörper vernichtet, ist bis heute noch nicht eindeutig geklärt. Vermutungen sprechen dafür, dass eine erbliche Vorbelastung sowie zusätzliche Einflussfaktoren den Ausbruch des Diabetes 1 begünstigen.[13]

II) Symptome

Der Diabetes Typ 1 tritt häufig im jugendlichen Alter. Deshalb wird er auch „Jugend-Diabetes" genannt. [14]

---

[12] vgl. http://de.wikipedia.org/wiki/Diabetes_mellitus#Diabetes_Typ_1
[13] vgl. http://www.internisten-im-netz.de/de_typ-1-diabetes-ursachen_233.html
[14] vgl. Süßen, Ulrich Weber: Biologie Oberstufe. 2. Auflage, Berlin 2009. Seite 470

Ein wichtiges Symptom, das auf Diabetes Typ 1 hinweißt, ist ein starkes Durstgefühl. Das liegt daran, dass durch den hohen Blutzuckerspiegel die Nierenschwelle überschritten wird. Der überschüssige Zucker muss durch den Urin ausgeschieden werden. Dafür ist Flüssigkeit notwendig. Es kommt also nicht nur zu einem häufigen Harndrang, sondern auch zu einem Durstgefühl, um die verloren gegangene Flüssigkeit zu ersetzen.

Der Körper verliert jedoch nicht nur Wasser, sondern baut auch vermehrt seine Eiweiß- und Fettreserven ab, weil zur Energiegewinnung durch das Fehlen des Insulins und der daraus resultierenden Unfähigkeit, dass Zucker in die Zelle aufgenommen werden kann, der Blutzucker unbrauchbar geworden ist. Dadurch entsteht ein deutlicher Gewichtsverlust, ein weiteres Symptom für den Diabetes Typ 1. Desweiteren kommt es zu Hautjucken, zu schlechter Wundheilung und zur Schwächung des körpereigenen Imunsystems. Der Patient empfindet eine große Müdigkeit und in manchen fällen kann es sogar zu Sehstörungen kommen. Es gibt hingegen auch Fälle, bei denen vor lebensgefährlichen Komplikationen keine weiteren Symptome aufgetreten sind. Dies ist aber die Minderheit. [15]

III) Therapie

Der Diabetes Typ 1 ist nicht heilbar. Dennoch ist es möglich, durch eine konsequente Behandlung die Lebenserwartung und Lebensqualität zu verbessern, das diabetische Koma, das bei einem sehr hohen Blutzuckerspiegel entsteht, zu verhindern und Folgeerkrankungen wie Augenkrankheiten, Nervenkrankheiten Niernekrankheiten und Gefäßverkalkungen zu vermeiden.

Um die Zuckerkrankheit aber erst einmal zu diagnostizieren, ist es wichtig, den Blutzuckerspiegel zu messen. Dabei ist der HbA1c-Wert ein grober, aber wichtiger Indikator. [16]

[15] vgl. http://www.gesundheit-nordhessen.medical-guide.net/deutsch/S/Stoffwechsel/DiabetesTyp1/page.html
[16] vgl. http://www.netdoktor.de/Krankheiten/Diabetes/Therapie/Diabetes-mellitus-Typ-1-Therap-7642.html

Dabei steht Hb für Hämoglobin, ein Protein im Blut, das für den Sauerstofftranport im Blut zuständig ist. Ein Glucosemolekül kann mit einem Hämoglobinmolekül eine chemische Reaktion eingehen. Der prozentuale Anteil der Hämoglobinmoleküle, die mit Glucosemolekülen verbunden sind im Bezug auf die Gesamtzahl der Hämoglobinmoleküle wird als HbA1c-Wert bezeichnet. Ist der Blutzuckerspiegel normal, liegt ein HbA1c-Wert von ca. 5 vor. Ist der Blutzuckerspiegel zu hoch, liegt ein höherer HbA1c-Wert vor, ist der Blutzuckerspiegel zu niedrig, liegt demnach ein niedrigerer HbA1c-Wert vor. Mithilfe des HbA1c-Wert kann also der Blutzuckerspiegel gemessen werden.[17]

Ist einmal der Diabetes Typ 1 festgestellt, muss er mithilfe von Insulin behandelt (nicht geheilt) werden. Dabei gibt es zwei verschiedene Arten von Insulinbehandlung: die intensivierte konventionelle Insulintherapie (ICT) und die Insulinpumpentherapie (CSII).

Bei der ICT wird die Insulinausschüttung eines Gesunden imitiert. Dies erfolgt nach dem sogenannten Basis-Bolus-Konzept. Die Insulingaben werden in den Grundbedarf (Basis) und in den zusätzlichen Bedarf bei Mahlzeiten (Bolus) eingeteilt. Um den Grundbedarf zu decken, müssen Diabetiker mindetstens zweimal täglich mittellang wirksames Insulin spritzen. Vor jeder Mahlzeit ist es zusätzlich nötig, den aktuellen Blutzuckerspiegel zu messen, um dann die optimale Menge an Insulin unter Einkalkulierung der Nahrungsmenge und der geplanten körperlichen Aktivität zu spritzen. Wichtig für diese Behandung ist eine sehr gute Schulung der Patienten.

Um die Insulinmenge, die gespritzt werden muss, besser abschätzen zu können, gibt es eine Faustregel:[18]

- „1 Einheit Normalinsulin bzw. schnell wirksames Analoginsulin senkt den Blutzuckerspiegel um 40 mg/dl."[19]
- „10g Kohlenhydrate lassen den Blutzuckerspiegel um 40 mg/dl ansteigen."[19]

---

[17] vgl. http://www.diabetiker-hannover.de/diab_hannover/hba1c.htm

[18] vgl. http://www.netdoktor.de/Krankheiten/Diabetes/Therapie/Diabetes-mellitus-Typ-1-Therap-7642.html

[19] http://www.netdoktor.de/Krankheiten/Diabetes/Therapie/Diabetes-mellitus-Typ-1-Therap-7642.html

Diese Faustregel muss allerdings an den Patienten individuell angepasst werden, weil die Insulinempfindlichkeit nicht bei jedem Menschen gleich ist.[20]

Bei der CSII gilt ebenfalls das Basis-Bolus-Konzept. Allerdings wird bei dieser Behandlung der Grundbedarf an Insulin durch einen künstlich gelegten Katheter kontinuierlich ins Blut gepumpt. Die Menge wird dabei einprogrammiert. Die Pumpe hat ca. die Größe einer Zigarettenschachtel und wiegt 100g. Vor jeder Mahlzeit misst der Diabetiker seinen Blutzuckerspiegel, errechnet die Menge an Insulin, die notwendig, und per Knopfdruck wird dann diese Menge im Blut freigesetzt.[20]

Neurdings wird auch daran geforscht, gesunde Inselzellen zu transplantieren. Dies könnte eines Tages einmal eine Möglichkeit sein, Diabetes Typ 1 zu heilen.[20]

Außerdem sollten Typ-1-Diabetiker auf das Rauchen verzichten[20], Diäten machen und sich körperlich betätigen.[21]

b) Diabetes Typ 2

I) Ursachen

Eine der Hauptursachen für Diabetes Typ 2 ist Bewegungsmangel und das daraus resultierende Übergewicht, was zu einer größeren Anzahl von Fettzellen im Körper führt. Kürzlich wurde bekannt, dass Fettzellen das Hormon Resistin ins Blut abgeben. Die Wissenschaft geht davon aus, dass dieses Hormon dafür sorgt, dass die Körperreaktion auf das von der Bauchspeicheldrüse produzierte Insulin geringer wird, die Insulinrezeptoren verlieren also ihre Effizienz. Um der Glucose aber dennoch die „Tür zur Zelle" zu öffnen, wird mehr Insulin benötigt. Die Bauchspeicheldrüse produziert also immer mehr Insulin, weil der Blutzuckerspiegel immer weiter steigt. So entwickelt der Körper eine Insulinresistenz.[22]

---

[20] vgl. http://www.netdoktor.de/Krankheiten/Diabetes/Therapie/Diabetes-mellitus-Typ-1-Therap-7642.html

[21] vgl. Dr. med. Herold; Gerd: Innere Medizin. Eine vorlesungsorientierte Darstellung. Köln 2005. Seite 612

[22] vgl. http://www.diabetiker-experte.de/Ursachen_Diabetes_2.html

In einem zweiten Stadium der Krankheit ist aber der Punkt erreicht, dass die Bauchspeicheldrüse überlastet ist und die Insulinproduktion einstellt. Dann tritt ein Insulinmangel ein.[23]

Es sei an dieser Stelle anzumerken, dass die Theorie mit dem Resistin noch nicht vollkommen sicher ist. Tatsache ist aber dennoch, dass bei erhöhter Menge von Fettzellen im Körper die Wahrscheinlichkeit für eine Insulinresistenz deutlich erhöht ist.

Man spricht deshalb auch davon, dass die Krankheit Diabetes Typ 2 „auf dem Boden eines metabolischen Syndroms (=Wohlstandssyndrom)“[24] entsteht.

II) Symptome

Diabetes Typ 2 zeichnet sich durch einen schleichenden Beginn ohne typische Beschwerden aus. Dennoch gibt es Symptome, die auf eine Erkrankung hinweisen können. Übergewicht ist indirekt ein Auslöser von Diabetes Typ 2 und kann somit auch als unspezifisches Symptom angesehen werden. Außerdem machen sich bei Diabetes-Typ-2-Patienten Symptome wie Heißhunger, Schwitzen und Kopfschmerzen bemerkbar, sofern eine Unterzuckerung vorliegt. Bei einer Überzuckerung ist ein allgemeines Krankheitsgefühl, Müdigkeit, große Harnmengen, Durstgefühl sowie Gewichtsabnahme trotz großen Appetits charakteristisch. Diabetische Spätschäden, die auftreten, wenn die Krankheit unbehandelt bleibt, sind Sehverlust, Empfindungsstörungen an Füßen und Beinen, Fuß- und Unterschenkelgeschwüre, Herzinfakt und/oder Schlaganfall.[25]

---

[23] vgl. http://www.diabetiker-experte.de/Ursachen_Diabetes_2.html
[24] Dr. med. Herold; Gerd: Innere Medizin. Eine vorlesungsorientierte Darstellung. Köln 2005. Seite 605
[25] vgl. http://www.jameda.de/krankheiten-lexikon/diabetes-mellitus-typ-ii/

III) Therapie

Da viele Patienten, die an Diabetes Typ 2 erkrankt sind, übergewichtig sind, ist ein wichtiger Bestandteil der Therapie, das Körpergewicht durch Sport und angemssene, gesunde Nahrung auf ein Normalniveau zu senken. Dabei kann Patienten durch Diabetikerschulungen geholfen werden, einen vernünftigen und angepassten Essens- und Bewegungsplan zu erstellen. Es ist wichtig, dass eine Normalisierung des Blutzuckerspiegels erreicht wird, um Folgeerkrankungen zu vermeiden. Deshalb ist auch die Selbstkontrolle des Blutzckerspiegels durch regelmäßiges Messen von großer Wichtigkeit.

Es sollte darauf geachtet werden, dass der Body-Mass-Index (BMI) zwischen 19 und 25 liegt.[26] Der BMI wird dabei wie folgt berechnet:

$$BMI = \frac{m}{l^2}$$ [27]

m → Körpergewicht ; l → Körpergröße

Meistens ist der Diabetes Typ 2 jedoch allein durch Sport und gesunde Ernährung nicht in den Griff zu bekommen. Dann ist eine medikamentöse Behandlung notwendig.

Es gibt zwei verschiedene Behandlungsmethoden, einerseits die Behandlung durch Antidiabetika, andererseits die Behandlung durch Insulin. Meistens ist aber eine Kombinationstherapie notwendig, bei der Antidiabetika eingesetzt werden und Insulin gespritzt werden muss.

Im folgenden möchte ich nun einige Antidiabetika vorstellen.[28]

Biguanide

Metformin, ein Biguanid, das sehr häufig als Antidiabetikum benutzt wird, verzögert die Zuckeraufnahme aus dem Darm und reduziert die Zuckerbildung in der Leber. Es senkt außerdem die Triglyceride (Fette, die aus Glycerin und 3 Fettsäuren aufgebaut sind) im Blut. Deshalb wird es vorwiegend bei übergewichtigen Personen mit metabolischem Syndrom eingesetzt. [28]

---

[26] vgl. http://www.internisten-im-netz.de/de_typ-2-diabetes-behandlung_393.html bzw.
http://www.internisten-im-netz.de/de_typ-2-diabetes-nichtmedikamentoese-therapie_400.html
[27] http://de.wikipedia.org/wiki/Body-Mass-Index
[28] vgl. http://www.internisten-im-netz.de/de_diabetes-medikamente_401.html

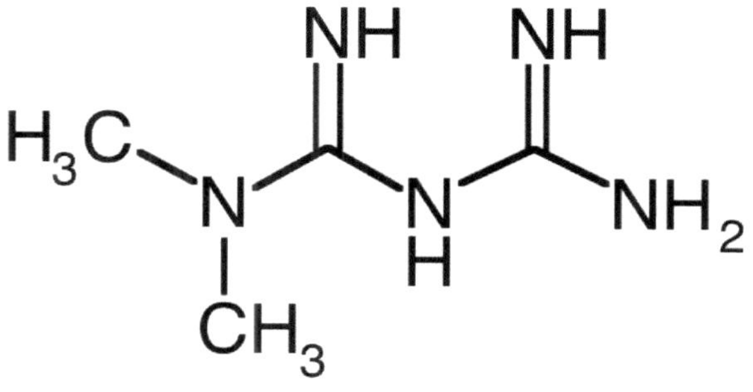

[29]

⊡ Strukturformel eines Metformin-Moleküls

Glitazone

Glitazone werden eingesetzt, um die Empfindlichkeit der Zellen für Insulin zu erhöhen und um so die Insulinresistenz zu verringern [30]

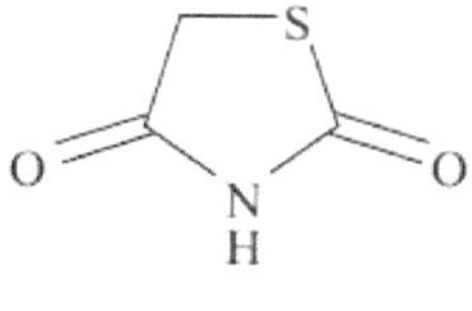

[31]

⊡ Strukturformel eines Glitazon-Moleküls (sytematischer Name: Thiazol-2,4-dion)

[29] http://upload.wikimedia.org/wikipedia/commons/7/7b/Metformin.jpg
[30] vgl. http://www.internisten-im-netz.de/de_diabetes-medikamente_401.html
[31] vgl. http://www.bioline.org.br/showimage?ph/embed/ph0706/ph07077e1.jpg

Alpha-Glucosidasehemmer

Alpha-Glucosidasemehher verlangsamen die Aufnahme von Glucose in den Darm. Das hat zur Folge, dass nach einer Mahlzeit ein rapider Anstieg des Blutzuckerspiegels verzerrt wird. Sie werden meistens am Anfang einer Diabetes-Erkrankung eingesetzt.[32]

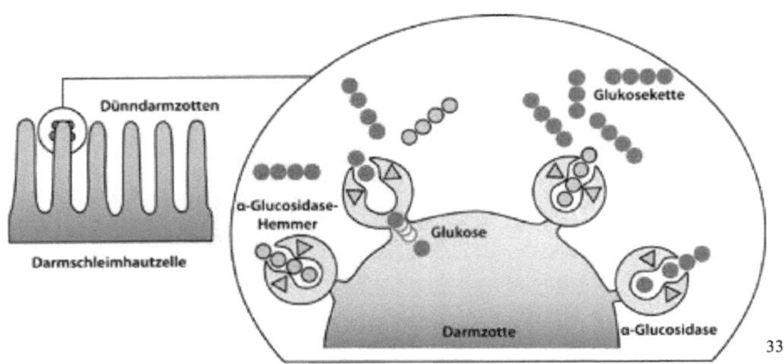

⌨ Funktionsweise eines Alpha-Glucosidasehemmer

Erläuterung des Schaubilds:

Das Enzym Alpha-Glucosidase spaltet Stärke (aus Glucose aufgebautes Polysaccherid) bzw. Maltose (aus Glucose aufgebautes Disaccherid) in Glucose. Der Begriff „Glucosekette", der im Schaubild verwendet wird, ist unglücklich, weil eine Glucosekette eigentlich ein Polysaccherid aus vielen Glucosebausteinen, die durch glykosidische Bindungen miteinander verbunden sind, also Stärke ist. Wenn es sich nur um 2 Glucosebausteine handelt, ist es ein Disaccherid, das in diesem Fall Maltose ist.

Der Alpha-Glucosehemmer hat eine ähnliche Struktur wie Stärke bzw. Maltose und kann somit die Alpha-Glucosidase hemmen (kompetitive Hemmung). Das hat zur Folge, dass pro Zeiteinheit weniger Stärke in Glucose umgesetzt werden kann, weil ein Teil der Alpha-Glucosidasen kompetitiv gehemmt ist. Deshalb wird die Aufnahme von Glucose unter Einsatz der Alpha-Glucosidasehemmer verzögert.

---

[32] vgl. http://www.internisten-im-netz.de/de_diabetes-medikamente_401.html
[33] vgl. http://www.dzd-ev.de/uploads/pics/Glucosidase-Hemmer_Web3.jpg

Sulfonylharnstoffe

Sulfonylharnstoffe fördern die Insulinbildung in der Bauchspeicheldrüse. Sie werden meist nur bei normalgewichtigen Personen angewandt und nur dann, wenn andere Behandlungsmaßnahmen gescheitert sind. Sie führen nämlich zu einer Gewichtszunahme und fördern die Insulinresistenz.[34]

Es gibt noch weitere Antidiabetika. Die hier aufgeführten gehören aber zu den wichtigsten.

Eine weitere Behandlungsmethode, die meistens in Kombination mit den Antidiabetika angewandt wird, ist die Verabreichung von Insulin, das auf gentechnischem Wege gewonnen wird. Die Insulinverabreichung ist dann notwendig, wenn die Antidiabetika nicht wirken oder nicht ausreihend wirken. In welchem Rhythmus das Insulin in welcher Menge verabreicht wird, hängt vorallem von den Essgewohnheiten und den Sportaktivitäten des Patienten ab.
Eine Insulinpumpe kommte bei Diabetes Typ 2 nicht in Frage.

c) Folgen des Diabetes mellitus

Durch das Fehlen von Insulin (bei Diabetes Typ 1) bzw. durch den Wirkungsverlust des Insulins (bei Diabetes Typ 2) steigt die Glucosekonzentration im Blut. Da die Zellen keine Glucose aufnehmen können, kommt es zu einem Konzentrationsgefälle zwischen intrazellulärem und extrazellulärem Raum. Im Inneren der Zelle ist die Glucosekonzentration deutlich geringer als außerhalb der Zelle. Nach den Gesetzen der Osmose diffundiert dann Wasser vom intrazellulären Raum in den extrazellulären Raum. Die Folge ist, dass die Zellen austrocknen.[35]

---

[34] vgl. http://www.internisten-im-netz.de/de_diabetes-medikamente_401.html
[35] vgl. Prof. Süßen, Ulrich Weber: Biologie Oberstufe. 2. Auflage, Berlin 2009. Seite 471

Ab einer Glucosekonzentration von 180 mg pro 100 ml Blut gelingt es der Niere nicht mehr, die gesamte Glucose zu resorbieren. Dieser Punkt wird auch „Nierneschwelle" genannt. Folge ist, dass Glucose durch den Harn ausgeschieden werden muss.[36]

Außerdem kommt es durch den verstärkten Abbau von Fetten, die als Energiequelle hinzugezogen werden müssen, da Zucker aufgrund des Diabetes millitus den Zellen nicht mehr zur Verfügung steht, zu einer Übersäuerung des Blutes durch Fettsäuren. Beim Abbau dieser Fettsäuren entstehen sogenannte „Ketonkörper" wie zum Beispiel Aceton (systematischer Name: Propanon). Das Aceton kann im Urin nachgewiesen werden. Ignoriert man die Warnsignale der Überzuckerung, kann es zu einem lebensbedrohlichen diabetischen Koma kommen.[36]

Außerdem kann ein Diabetes mellitus Folgeerkrankungen und Spätfolgen mit sich bringen, vorallem dann, wenn er unbehandelt bzw. schlecht oder falsch behandelt bleibt. Dabei können durch die Überzuckerung des Blutes kleine Gefäße beschädigt werden. Im Auge kommt es dabei zu der Krankheit Retinopathie. Retinopathie ist eine Netzhauterkrankung, die im schlimmsten Falle zur Erblindung führen kann. Außerdem kann die Nierenfunktion beeindrächtigt werden, was bis zum kompletten Nierenversagen führen kann (Nephropathie). Die häufigste Folgeerscheinung beim Diabetes mellitus ist eine Schädigung des peripheren Nervensystems (Neuropathie). Diese Krankheit kennzeichnet sich v.a. durch Empfindungsstörungen in den Beinen. Man kann dann z.B. einen Stein im Schuh nicht mehr richtig wahrnehmen. Im schlimmsten Falle sind auch große Blutgefäße durch Risse in der Gefässwand oder durch Verengungen betroffen. In solchen Fällen ist das Risiko, einen Herzinfakt oder einen Schlaganfall zu erleiden, deutlich erhöht. Deshalb sterben heute immer noch ca. 70% aller Diabetiker an Herzinafakt oder Schlaganfall. Besonders gefährdet sind bei Diabetikern die Füße. [37]

---

[36] vgl. Prof. Süßen, Ulrich Weber: Biologie Oberstufe. 2. Auflage, Berlin 2009. Seite 471
[37] vgl. http://www.diabetesvision.ch/spaetfolgen.html

Hier führen die Gefäßerkrankungen zu Folgeerscheinungen wie Druck- und Scheuerstellen oder nässende Hautverletzungen (Ulzerationen). Dadurch kann die Mobilität eines Diabetes-Patienten v.a. durch Infektionen und Entzündungen deutlich eingeschränkt werden. Im schlimmsten Fall muss der Fuß amputiert werden, um eine Blutvergiftung zu vermeiden.[38]

---

[38] vgl. http://www.diabetesvision.ch/spaetfolgen.html

4. Literatur- und Quellenverzeichnis

Buchquellen:

Prof. Süßen, Ulrich Weber: Biologie Oberstufe. 2. Auflage, Berlin 2009.

Prof. Dr. Bayrhuber, Horst, u.a.: Linder Biologie. 21. Auflage, Hannover 1998

Jungbauer, Wolfgang: Netzwerk Biologie. Braunschweig 2006

Dr. med. Herold; Gerd: Innere Medizin. Eine vorlesungsorientierte Darstellung. Köln 2005

Internetquellen:

http://www.krankheiten.de/laborwerte/blutzucker.php

http://de.wikipedia.org/wiki/Blutzucker#Normalwerte

http://flexikon.doccheck.com/de/Hyperglyk%C3%A4mie

http://flexikon.doccheck.com/de/Hypoglyk%C3%A4mie

http://www.wissen.de/thema/blutzuckerregulierung-durch-hormone?chunk=zus%C3%A4tzliche-regelkreise-

http://de.wikipedia.org/wiki/Diabetes_mellitus#Diabetes_Typ_1

http://www.internisten-im-netz.de/de_typ-1-diabetes-ursachen_233.html

http://www.gesundheit-nordhessen.medical-guide.net/deutsch/S/Stoffwechsel/DiabetesTyp1 /page.html

http://www.netdoktor.de/Krankheiten/Diabetes/Therapie/Diabetes-mellitus-Typ-1-Therap-7642.html

http://www.diabetiker-experte.de/Ursachen_Diabetes_2.html

http://www.jameda.de/krankheiten-lexikon/diabetes-mellitus-typ-ii/

http://www.internisten-im-netz.de/de_typ-2-diabetes-behandlung_393.html

http://www.internisten-im-netz.de/de_typ-2-diabetes-nichtmedikamentoese-therapie_400.html

http://de.wikipedia.org/wiki/Body-Mass-Index

http://www.internisten-im-netz.de/de_diabetes-medikamente_401.html

http://upload.wikimedia.org/wikipedia/commons/7/7b/Metformin.jpg

http://www.bioline.org.br/showimage?ph/embed/ph0706/ph07077e1.jpg

http://www.dzd-ev.de/uploads/pics/Glucosidase-Hemmer_Web3.jpg

http://www.diabetesvision.ch/spaetfolgen.html

Quelle Titelbild:

http://www.eine-gesundheit.de/wp-content/uploads/Bluttest-604x272.jpg